U0356235
马克笔表现技法
速成指导
（室外篇）
AN INSTANT INSTRUCTION OF THE DEPICTION
TECHNIQUES OF MAKER PEN
洪惠群 张晶 杨安 著
中国建筑工业出版社

图书在版编目（CIP）数据

马克笔表现技法速成指导（室外篇）/洪惠群等著. —北京：中国建筑工业出版社，2009
ISBN 978-7-112-11263-0

Ⅰ.马… Ⅱ.洪… Ⅲ.室外装饰-建筑艺术-绘画-技法（美术）-高等学校-教学参考资料 Ⅳ.TU204

中国版本图书馆CIP数据核字（2009）第151620号

本书《马克笔表现技法速成指导》是根据建筑学专业群（建筑学、城市规划、园林景观、室内设计）的专业特点与表现技法课程教学的需要而设，分为室内篇与室外篇两本。本教材为适应目前学生以“零”美术基础入学建筑学专业群，且教学时数减少的教学背景之下，预想达到“会用”的教学目的。为此，根据目前设计师的工作特点，在教学上特设技法基础、技法练习和技法应用三个章节。

技法基础以强调基本的表现能力学习为教学目的。其内容分为两个层次：基本用笔技法与室外环境元素，如有植物、车辆（人物表现技法设在室内篇中）等的表现。从技法的基本要求、基础方法开始，引导学生打下一个良好的技法基础。

技法练习以强调基本技法的模仿学习为主。从景观小品、各种类型的小型建筑开始学习，如建筑小品、坡屋顶建筑、多层建筑等，逐步向中等及大型的公共建筑过渡，如大型公共建筑、高层建筑等。从在临摹练习中了解技法，到理解技法，加以“量化”的学习方式，直至熟悉技法，从而形成符合自己的技法习惯。

技法应用以强调学为所用的教学目的安排教学计划，主要通过“改画”、“重画”、“续画”等教学途径，实现逐步从依赖（临摹）学习的习惯转向独立创作设计表现的过渡。

责任编辑：陈 桦 吕小勇
责任设计：赵明霞
责任校对：袁艳玲 关 健

马克笔表现技法速成指导（室外篇）
洪惠群 张晶 杨安 著
*
中国建筑工业出版社出版、发行（北京西郊百万庄）
各地新华书店、建筑书店经销
北京嘉泰利德公司制版
天津图文方嘉印刷有限公司印刷
*
开本：880×1230毫米 横1/16 印张：6¼ 字数：200千字
2010年1月第一版 2020年8月第八次印刷
定价：38.00元
ISBN 978-7-112-11263-0
(18451)

前　言

对教师来说：表现技法教学的重点是如何培养学生的技法基础能力。难点是如何将技法基础的学习平稳过渡到技法应用的学习。

对学生来说：①建立在“兴趣”基础之上的学习态度，可以获得一个良好的“成绩”，因为“兴趣”是自己最好的老师；②过“三关”是表现技法学习的重点，包括造型关（线条与透视）、上色关（色调与笔触）和熟练关（构图与美感）；③“会用”是表现技法学习的难点，也是技法学习的最终目标。

本书将会告诉你闯“三关”的方法：①造型关。可以采取“一口气”画完本篇中所有图画的线描图。刚开始不习惯画直线，也不习惯一笔就能画出一个透视中的立方体或圆形，但通过大量的练习也就很容易形成一种习惯了。自我检验办法：如果感觉到自己对手的掌控达到“随心所欲”的程度时，即可。②上色关，通过大量的范本临摹学习，从中体会采用各种技法要领，主要解决色调与用笔的技法。自我检验办法：能默写相同的画面。③熟练关。熟练关的破点在于记忆（默写）表现。记忆（默写）表现关键在于生活基础与勤奋，最终达到“会用”的目的。上述方法是不是有效，就要看你是不是诚心诚意地按照本《指导》的思路去学习了。

《马克笔表现技法速成指导》是作为“练习簿”或“速写本”的形式出版，目的是方便学习，简化过程。一是省去了初学者在学习表现技法时，需要事先准备纸张和临摹范本，该“练习簿”可以提供随时进行练习的需要；二是省去了初学者在购买绘画工具时的困惑，明确应购置什么工具；三是方便了初学者，不一定强调在教室、宿舍的桌面上才能进行练习，该“速写本”可以提供方便，随时手捧“速写本”在小河边、树林里、公园里……静静地进行练习。

在浪漫环境中学习，心情愉快，学习的效果也许会更好，同学们不妨一试。

在本书的编写过程中，得到广州大学的教材资金支持以及广州大学建筑与城市规划学院06城规班陈思慧同学的帮助，在此表示感谢。

作者

2009年8月

目 录

第 1 章　技法基础

● 教学目的

马克笔的技法基础，从技法分解练习开始，其目的：一方面借助于参照图进行反反复复的练习；另一方面也节省了时间，尤其是在课堂教学时间有限的情况下，分解技法的练习显得十分必要。同时，也有利于下一阶段的练习，从而使学生更有效地、快速地掌握马克笔表现技法。

● 教学内容

马克笔表现技法速成指导之室外篇的分解练习，分为两个层次：基本用笔技法与室外环境基本构成元素，如树木、汽车等的表现。

● 学习要点

（1）勾线（线描）图是“骨架”，色彩是“外衣”。

骨架：包括透视正确，线条流畅，构图完整。突破线（条）造型与构图关。因此，强调素（线）描基本功。要求在作练习时，注意线条练习、构图研究、造型比较。

外衣：是附在骨架上色彩。包括色调和谐，色彩之间的搭配、对比与统一。一种色彩的本身无贵贱，但搭配得当，就会显得高贵、淡雅或浓烈。因此，要学会认识色彩的性格和特点。要求在作练习时，注意留心记住色彩与色彩搭配时的效果，以备下次再用。

（2）“画味”与“响亮”

画味：是指一幅画的艺术性。习者要多注意绘画时的“用笔”技巧。如：线描，一笔到“位”的准确性；色彩，一笔就“位”的趣味性。二者构成“画味”。

响亮：是指一幅画的吸引力。习者要注意画面趣味中心的“经营”。通过画面的造型与构图，色彩的对比与统一等手段，达到“经营”的目的。

1.1 马克笔基本用笔技法

（1）马克笔基本用笔技法

（2）立体造型基本用笔技法

对准备工具的一点看法：

马克笔的品牌有多种。如，Touch 牌马克笔大概有 100 多种定型色，Chafford 牌马克笔也大概有 100 多种定型色，Marvy 牌马克笔分单头和双头两种，有 60 种定型色。

出于经济方面的考虑，同学们不可能全都买。再说，在快题考试时，带着一大堆各式各样的马克笔也不方便。因为，在这些马克笔定型色中，也不可能都能用于你的绘画之中。因此，建议按需购买，或按习惯购买，或按常用购买。以下提供的仅是室外环境设计常用定型色的编号，仅供参考（红色文字表示必买）。

Touch 牌（简称“T”牌）

灰色系列：WG-1、WG-3、WG-5、WG-7、WG-9；
BG-1、BG-3、BG-5、BG-7、BG-9；
CG-1、CG-3、CG-5、CG-7。

冷色系列：PB-64、PB-70、PB-72、PB-75、PB-77、
P-84；B-66；BG-51、BG-53、BG-57、BG-58、BG-68、G-46、
G-55、G-59、GY-47。

暖色系列：GY-48、GY-49、Y-104、YR-23、YR-24、YR-97、
YR-101、YR-102、R-14。

Marvy 牌（单头）（简称“M”牌）

No1、4、11、15、18、23、24、27、40、44、45、47、51、52、
54、60。

Marvy 牌（双头、Doubler）（简称“D-M”牌）

No1、11、15、18、23。

水溶性彩铅：（“faber-castell”牌）407、409、443、447、463、451、453、
454、466、470、473、483。

说明：Doubler Marvy 与 Marvy 为同属一个品牌的两种款式，其色一样。

学习要点：马克笔的基本技巧在于笔触线条的排列，应均匀、快速、放松、灵活、力度一致。忌讳：重叠、过慢、线条凌乱。如遇到大块面的着色时，建议采用带有随意、自然、轻松之感的波折型、复合型渐变技法。

1.2　马克笔造型技法步骤

（1）树的表现步骤

阔叶木

针叶木

热带植物

（2）车辆马克笔造型技法步骤

准备工具：
“T”牌马克笔：YR-23、WG-1、WG-5、WG-7；Y-32；B-66。
“D-M”牌马克笔：No1。
学习要点：
注意留白与最暗处的表现。

1.3 环境元素马克笔技法

（1）单一树木造型

准备工具：

“T”牌马克笔：G-46、G-55、G-59；GY-48、GY-49；BG-57、BG58。

“D-M”牌马克笔：No1。

学习要点：

保持色彩清洁，就是注意色彩的明度变化，慎用对比色。

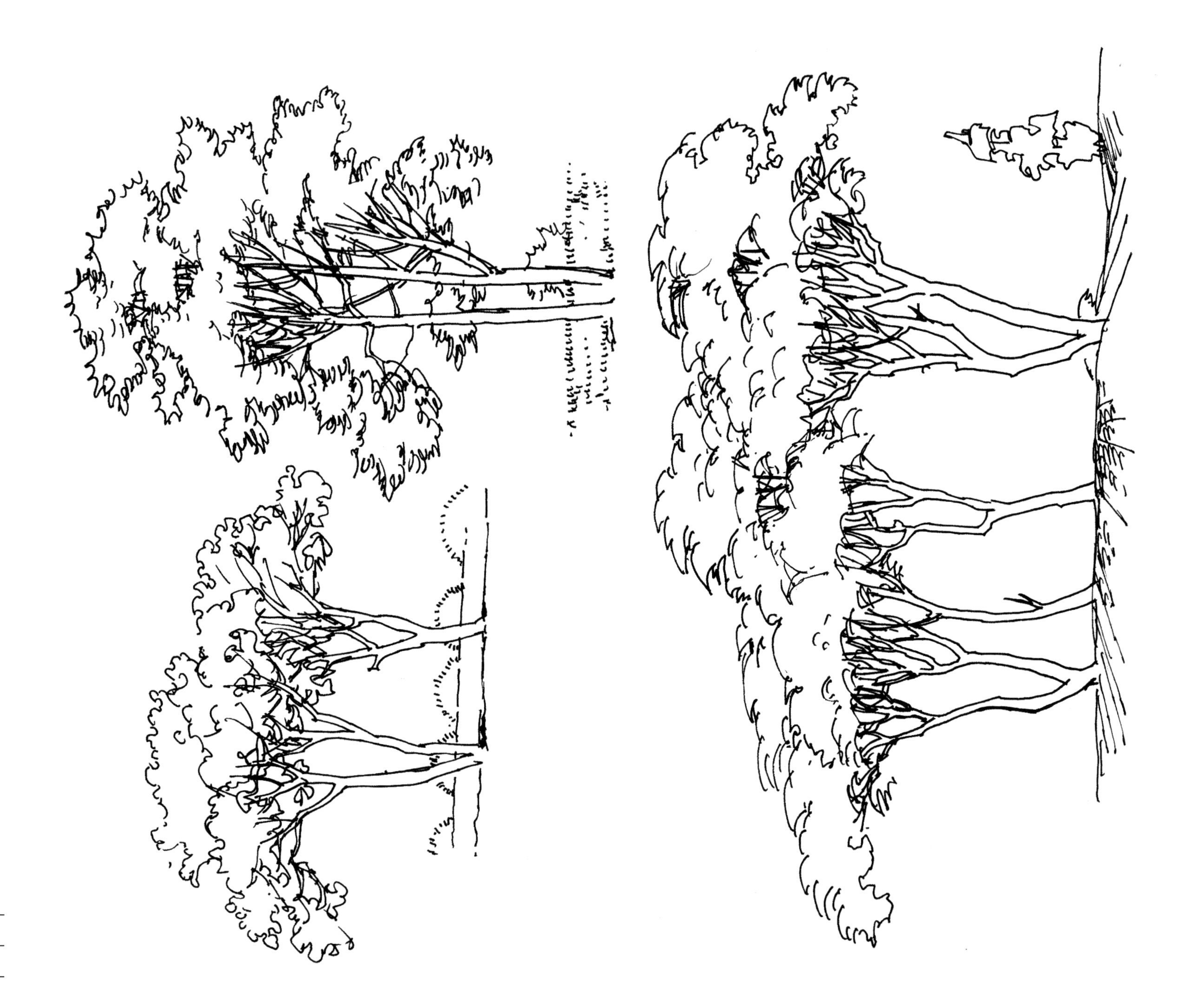

班级__________
姓名__________
日期__________

（2）组合树木造型

准备工具：

“T”牌马克笔：G-46，G-55；G-59，GY-48，Y-100，YR-102；YR-97，R-91；BG-57，BG-53；PB-77。

“D-M”牌马克笔：No1。

学习要点：

保持色彩清洁，就是注意色彩的明度变化，慎用对比色。

班级____________
姓名____________
日期____________

（3）热带树木造型

准备工具：
“T”牌马克笔：BG-68，BG-58，BG-57，CG-9；G-59，GY-47；G-46，G-55。
“D-M”牌马克笔：No1。
学习要点：
一个物体的色彩表现，要反映出三个层次的明度关系。

班级__________
姓名__________
日期__________

（4）车辆造型马克笔技法分解练习

准备工具：

“T”牌马克笔：YR-97，YR-23，PB-75，B-66，Y-104；R-14，R-94；WG-1，WG-3，WG-5。

“D-M”牌马克笔：No1。

学习要点：

车辆表现注意车辆色彩的“清洁性”。“清洁性”是指色彩不要乱，尽量以一支笔为主来完成。

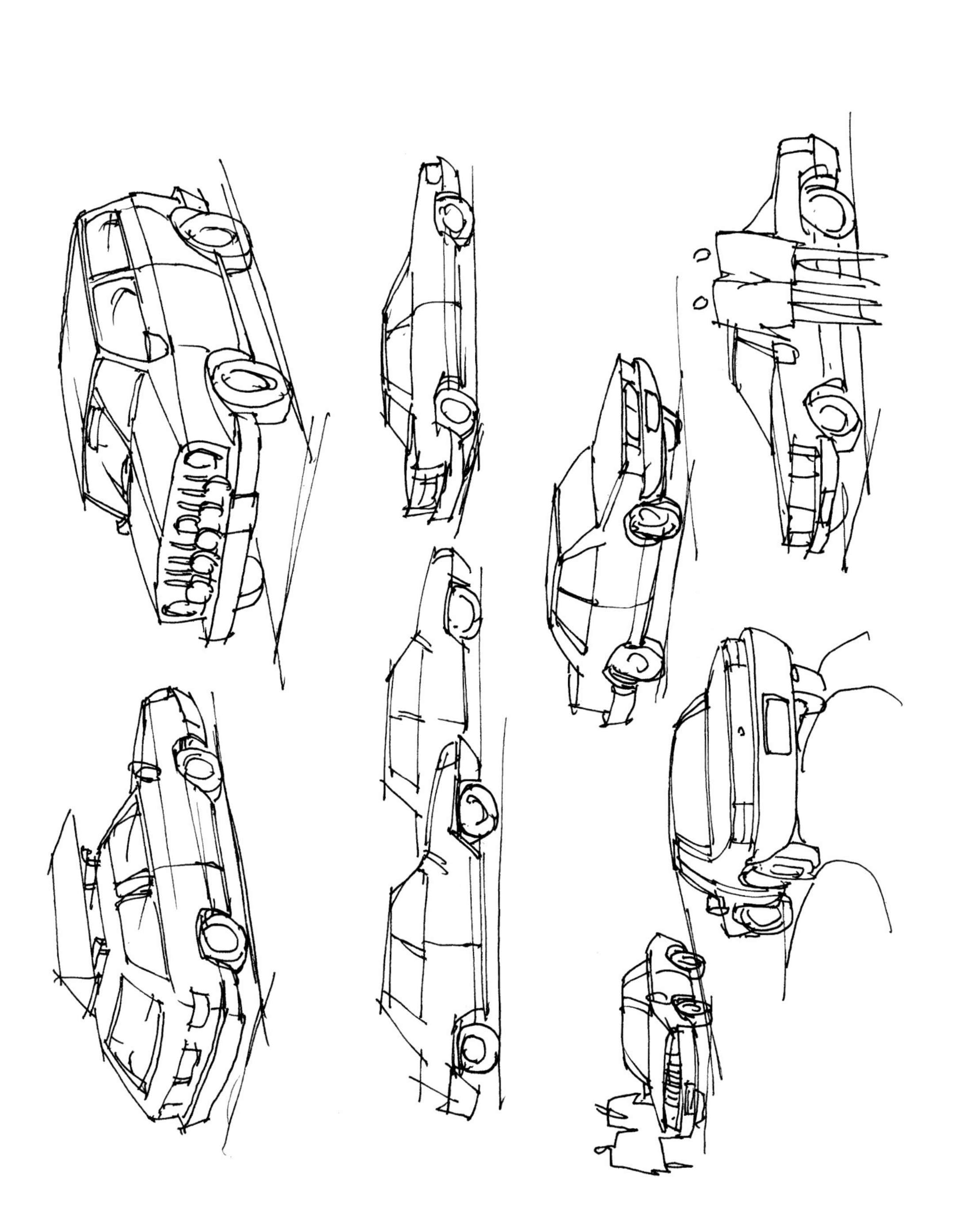

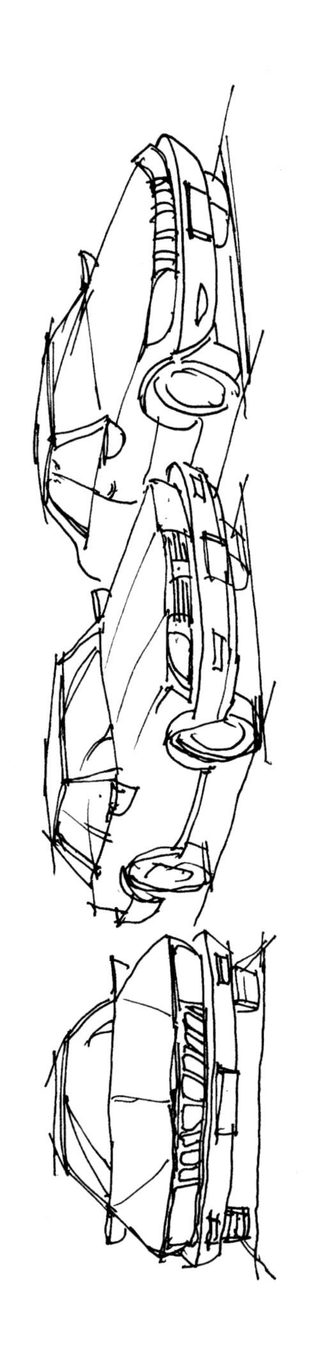

班级__________
姓名__________
日期__________

第 2 章　技法练习

● 教学目的

通过临摹学习有助于初学者模仿造景、造型的技法，使得初学者从临摹练习中了解技法，到逐步理解技法的真谛，从而形成自己的技法习惯和特点。

● 教学内容

在教学内容上，以循序渐进教学理念安排教学。从低点透视向鸟瞰透视逐步过渡学习，从环境绿化、小品、小型建筑开始学习，如景观与建筑小品、坡屋顶建筑、多层建筑等，逐步向中等及大型的公共建筑过渡学习，如大型公共建筑、高层建筑等。通过“量化”训练方式配合，最终可达到熟能生巧的目的。

● 学习要点

1.“临摹”不是机械地依着葫芦画瓢，要留心学习原作品的用笔技法。如果在画完后能够记住刚刚画的是什么，怎样画的，那就更好了。因此，建议最好能通过默写方式再画一遍或多画几遍。

2. 不论表现对象的空间是大还是小，在整体上的色调统一和在局部上的色彩对比的审美原则是一样的。

3. 马克笔的基本要领：“留白”、“整齐”、“流畅”、“肯定”。

留白：是为表现物体的“高光”，或为“透气”而采用的技法。

整齐：马克笔与铅笔表现技法基本相似，笔触需要相对整齐地排列。

流畅：熟能生巧，讲究笔触的连贯性。

肯定：下笔要胆大，落笔要肯定。

4. 马克笔的基本步骤：“先浅后深”。

5. 忌讳之处：

（1）上色时不守轮廓边线，易造成画面的形体感不完整；

（2）不同的冷暖色交替运用，易造成画面“脏”；

（3）用色种类过多，画面色调不易统一；

（4）对大面的图形平涂时，易产生“呆板”效果。

2.1 景观环境

（1）温泉景观

准备工具：

水表现：

“T”牌马克笔：PB-77，PB-75，PB-72。

“M”牌马克笔：No11，No14，No15。

其他表现：

“T”牌马克笔：BG-1，BG-3；GG-3；WG-1，WG-3；YR-99；YR-94；YR-100。

“D-M”牌马克笔：No11，15，21，18，40，44，52。

学习要点：

上色注意由浅到深的顺序，切记不要乱。最后上最深的色彩。

班级__________
姓名__________
日期__________

（2）长廊景观

准备工具：

“T”牌马克笔：PB-70，PB-75，PB-77；WG-3；BG-3，BG-7；GY-47；G55；BG-51，BG-68；Y29；YR97。

“D-M”牌马克笔：No1，No41。

“M”牌马克笔：No52，11，18，49。

学习要点：

当马克笔的色域不够时，可以利用彩色铅笔帮助过渡。

班级__________
姓名__________
日期__________

(3) 接待中心景观

准备工具：

“T”牌马克笔：PR-89；R-14；RP-9；Y-32；YR-24，YR-97；P-84；G-55；BG-53，BG-58。

“D-M”牌马克笔：No11，15，40，44，52。

学习要点：

木栈道的表现，先平涂浅色，然后上深色，此时注意不要采取平涂的方式，适当留空，可以得到透气的感觉。

班级__________
姓名__________
日期__________

（4）某度假村后院景观

准备工具：

“T”牌马克笔：CG-5；BG-3、BG-7；GG-3；R-27、R-91、R-94；RP-89；PB-70、PB-75、PB-77；G-59；YR-21、YR-23；Y-32、Y-36。

“M”牌马克笔：No1。

“Watercolour-Faber”牌铅笔：443。

学习要点：

注意色彩的叠加效果应用。

班级__________
姓名__________
日期__________

（5）休闲长椅

准备工具：

“T”牌马克笔：WG-3、WG-5；PB-70、PB-75、PB-77；G-59、BG-57、BG-53；YR-100、YR-104、YR-97、YR-23；GY-49、Y-29；R-94。

“M”牌马克笔：No52、11、14、17、60。

“D-M”牌马克笔：No1。

学习要点：

强调主体的构件部分，此时的绿化表现起到陪衬作用，不宜多画。

班级__________
姓名__________
日期__________

（6）某园林入口小景

准备工具：
“T”牌马克笔：PB-64；P-84；PB-75，PB-77；G-59，GY-47；WG-1，WG-3，WG-5；CG-3，CG-5；YR-100，YR-104；Y-29；R-94，R-14。
“M”牌马克笔：No52，11。
“D-M”牌马克笔：No1。
学习要点：
当找不到理想色彩时，可用彩铅替代。

班级＿＿＿＿＿＿
姓名＿＿＿＿＿＿
日期＿＿＿＿＿＿

（7）小溪水岸景观

准备工具：
“T”牌马克笔：PB-75、PB-77；P-84；WG-1、WG-3、WG-5；G-50、G-47；BG-3、BG-5；GY-48；YR-104，YR-97、YR-23、R-94。
“D-M”牌马克笔：No1，14，11。
“M”牌马克笔：No27，52，54。
“faber castell”水溶性彩铅：430，483。
学习要点：
先用彩铅打底色。然后再用马克笔，通过叠加方式，达到灰色色彩的自然过渡。

班级__________
姓名__________
日期__________

（8）鲸鱼喷泉景观

准备工具：
“T”牌马克笔：PB-64、PB-72、PB-75、PB-77；G-59、G-55、WG-3；BG-53、G-46、GY-48；YR-104、YR-97。
“D-M”牌马克笔：No1。
学习要点：
水的质感与背景物色彩有关。水的高光，只有留白才能实现。水面注意采用“复笔”技法表现。

班级__________
姓名__________
日期__________

（9）公园里的弯弯小溪

准备工具：
“T”牌马克笔：YR-104；Y-100；PB-75，PB-77；G-59，WG-2，WG-3；BG-53，G-46，GY-48；YR-97。
“D-M”牌马克笔：No1。
“M”牌马克笔：No24。
学习要点：
水面的表现，应注意用笔的速度。高光处要快，色浓处要慢，有时采用“复笔”技法。总之，只用一支笔就可以完成。

班级__________
姓名__________
日期__________

（10）生态温泉景观

准备工具：
“T”牌马克笔：BG-3、BG-5、BG-68；WG-3；GY-47；PB-64、PB-75、PB-77。
“M”牌马克笔：No21、40、44。
“D-M”牌马克笔：No1。
“Watercolour-Faber”牌铅笔：454。
学习要点：
注意绿色前后空间的表现。近处的色纯度高，远处的色纯度低，偏紫色、蓝色。

班级__________
姓名__________
日期__________

2.2 建筑环境

(1) 某商业步行街入口

准备工具：

“T”牌马克笔：B-66；BG-1，BG-5，WG-5；G-50，YR-24；YR-97，R-14。

“D-M”牌马克笔：No1。

学习要点：

天空的画法，采用“T”牌马克笔 B-66 一气呵成，深色的地方采用复笔的方式作成。

班级__________

姓名__________

日期__________

（2）某温泉度假接待中心

准备工具：
“T”牌马克笔：PB-75、PB-77；WG-3、BG-5；GG-3；P-84。
“M”牌马克笔：No1。
学习要点：
采用Marvy牌马克笔No1点缀、收拾。

班级__________
姓名__________
日期__________

（3）某度假接待中心

准备工具：

“T”牌马克笔：GY-47、GY-48、GY-49；G-59、G-46；R-7；WG-3；CG-3；P-84；BG-58、BG-68。

“D-M”牌马克笔：No1、16、44。

“Watercolour-Faber”牌铅笔：430、454。

学习要点：

注意绿色的过渡，形成由近及远的感觉。

班级__________
姓名__________
日期__________

（4）某别墅景观

准备工具：

“T”牌马克笔：BG-58，BG-68；YR-97，YR-24；WG-3；CG-3；PB-75，PB-77。

“M”牌马克笔：No1。

学习要点：

注意绿色的层次，由近到远，由深到浅，由纯度高到纯度低的过渡。

班级__________
姓名__________
日期__________

（5）某会所接待中心

准备工具：
“T”牌马克笔：BG-58，B-66；PB-64；GY-47，YR-24；WG-3。
“M”牌马克笔：No24，41，51。
“D-M”牌马克笔：No1，14。
学习要点：
注意上色的顺序，由浅到深。

班级__________
姓名__________
日期__________

（6）山顶公园印象

准备工具：

“T”牌马克笔：G-55，BG-1，BG-5，BG-7，BG-57，BG-68；B-66；YR-97；WG-1，WG-3，WG-47。

“D-M”牌马克笔：No1。

学习要点：

画车时，落笔要准，行笔要快。

班级__________
姓名__________
日期__________

（7）某建筑大门景观

准备工具：

“T”牌马克笔：WG-1、WG-2、WG-3；G-50、G-47；GY-48；YR-103、R-94。

“D-M”牌马克笔：No1。

“faber-castell”彩铅：447、443。

学习要点：

趁湿画，可以消除明显的笔触痕迹，显得柔和。

班级__________

姓名__________

日期__________

(8) 某建筑速写

准备工具：

“T”牌马克笔：BG-3、BG-5；YR-104；PB-77、BG-68。

“D-M”牌马克笔：No1、14。

学习要点：

从结构入手，尽量少画，这是快速的方法之一。

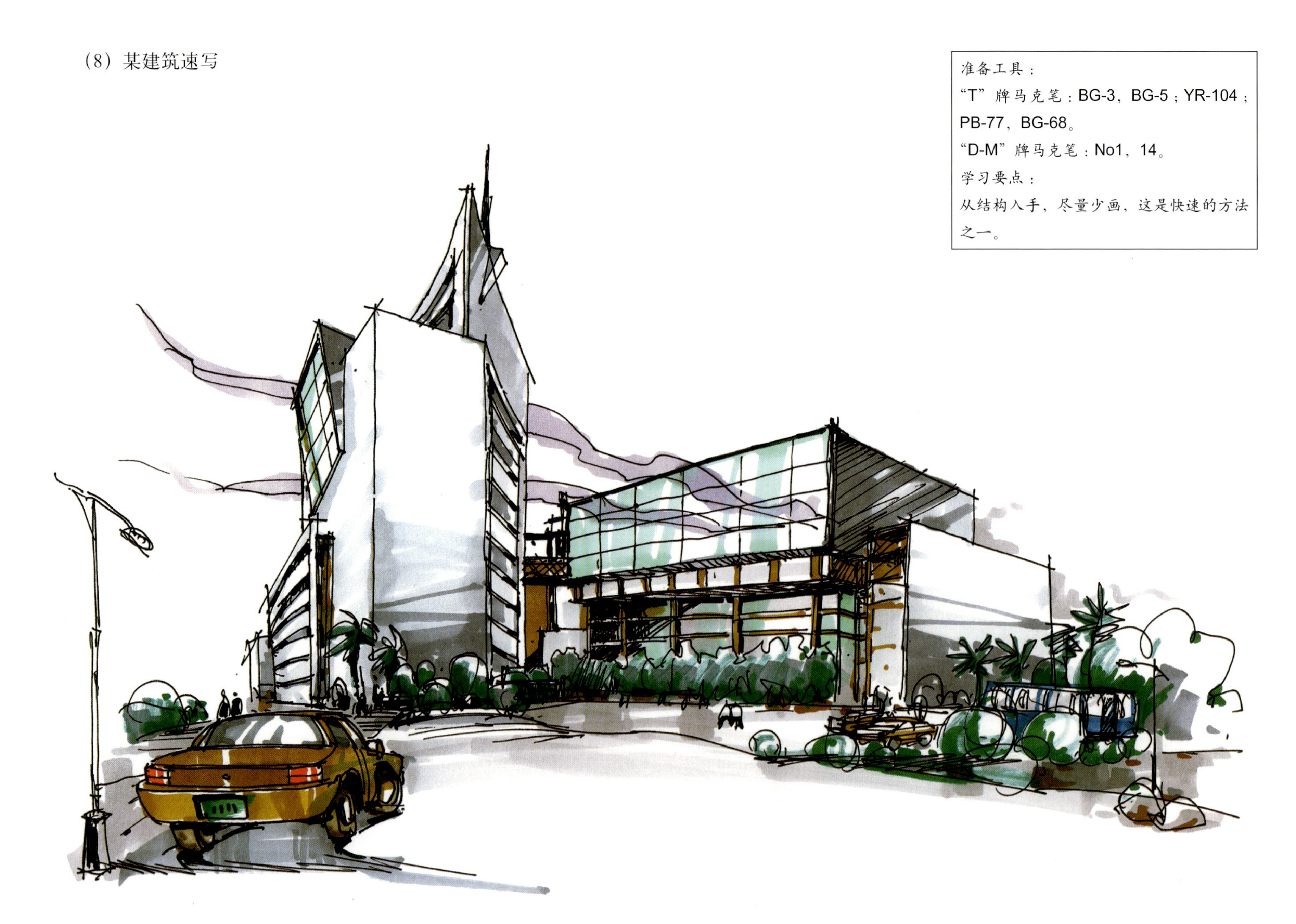

班级__________
姓名__________
日期__________

（9）某商业街入口景观

准备工具：
“T”牌马克笔：BG-3，WG-3，PB-64；YR-21，YR-97；PB-75，PB-77。
“M”牌马克笔：No40，38。
“D-M”牌马克笔：No1。
“Watercolour-Faber”牌铅笔：447。
学习要点：
上色时注意守边线。

班级__________
姓名__________
日期__________

（10）科技研发中心大楼

准备工具：
“T”牌马克笔：BG-3，BG-5，BG-57；BG-68，G-47，PB-77；YR-103，YR-97。
“D-M”牌马克笔：No1。
学习要点：
注意整体的色调偏灰色，适当地采用对比色，可起到点睛的作用。

班级__________
姓名__________
日期__________

（11）某船舶博物馆建筑方案

准备工具：

“T”牌马克笔：Y-32、Y-36；PB-75、PB-77；YR-21、YR-101、YR-100；WG-1、WG-3；BG-51、BG-58；GY-47、GY-48。

“D-M”牌马克笔：No1。

“M”牌马克笔：No40，44。

学习要点：

可以尝试换一种天空的表现方法。

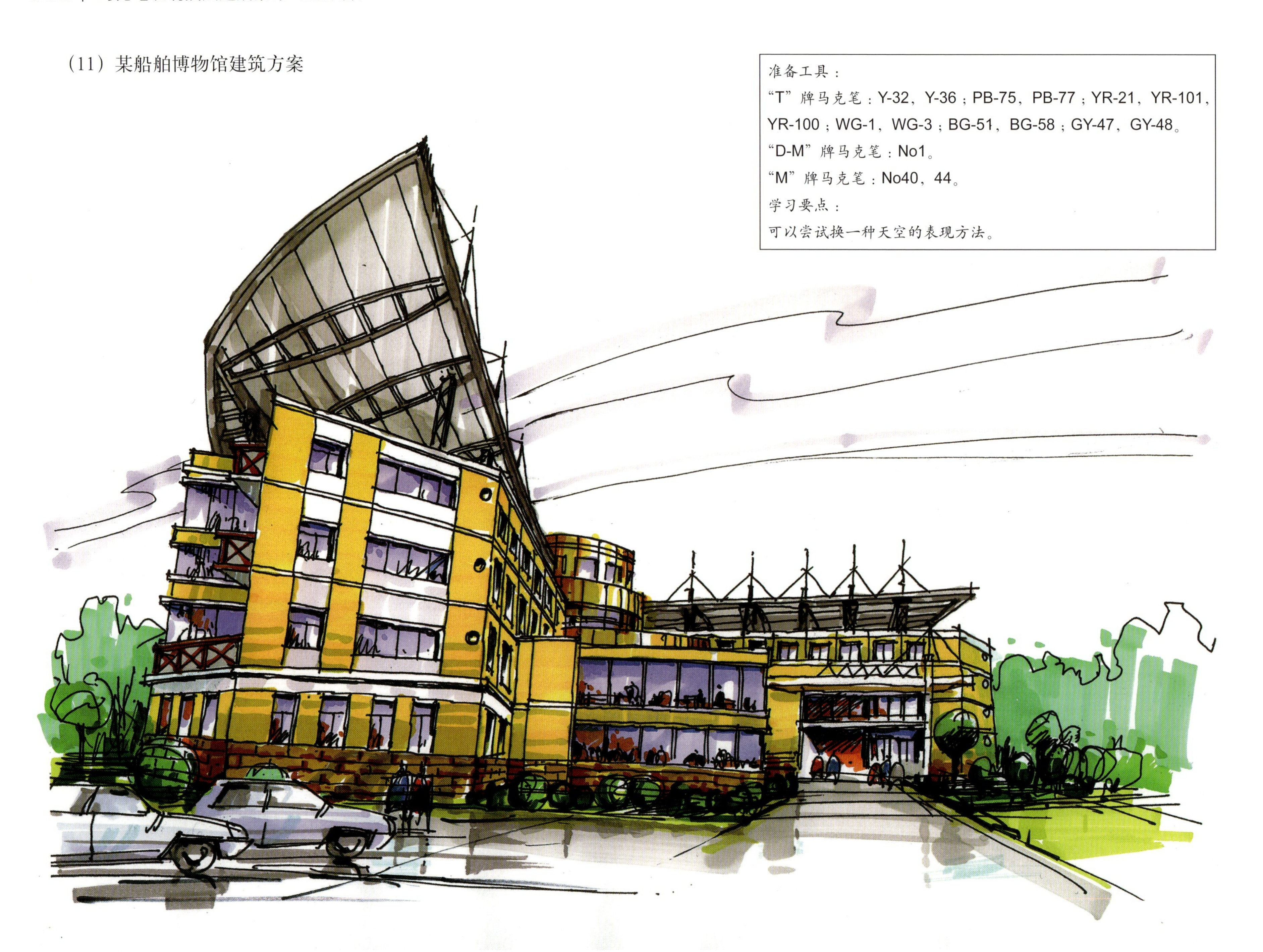

班级__________
姓名__________
日期__________

（12）教学实验楼设计方案

准备工具：

“T”牌马克笔：YR-21，WG-3，WG-5，WG-7；BG-58，BG-53，BG-51；G-59；CG-3，R-14。

“D-M”牌马克笔：No1。

学习要点：

建筑色彩不宜太多，常用的做法是复笔，或同类色的表现。

班级____________
姓名____________
日期____________

（13）某办公写字楼设计方案

准备工具：

“T”牌马克笔：YR-97、YR-101、YR-102；PR-77；RP9；G-46、BG-51、BG-57。

“D-M”牌马克笔：No1。

“Watercolour-Faber”牌铅笔：447。

学习要点：

天空采用水彩铅笔表现。

班级__________
姓名__________
日期__________

（14）滨水建筑设计方案

准备工具：
“T”牌马克笔：PB-76，PB-77，PB-64；B-66；YR-103，YR-97；R-94；WG-1，WG-3；GG-3，BG-3，BG-6；G-59。
“D-M”牌马克笔：No1。
“Watercolour-Faber”牌铅笔：415，430，475，483。
学习要点：
建筑墙面表现，利用彩铅表现墙面的肌理效果。然后再利用“T”牌马克笔 G-59 画出玻璃下的投影效果。

班级__________
姓名__________
日期__________

（15）传统手工艺博览中心设计

准备工具：
“T”牌马克笔：BG-3，BG51；WG-3；YR-21；PB-77，PB75；G-55；GY-47；YR-100，PR-89。
“D-M”牌马克笔：No1。
“M”牌马克笔：No45。
学习要点：
天空的笔触起到一种过渡作用。

班级__________
姓名__________
日期__________

（16）某高校新区教学楼设计

准备工具：

“T”牌马克笔：PB-77；YR-97；BG-58；BG-57；GY-47；B-64，B-66。

“D-M”牌马克笔：No1。

“M”牌马克笔：No44，51。

学习要点：

画天空时，注意“动势”（云的走向）与构图的需要相配合。

班级__________
姓名__________
日期__________

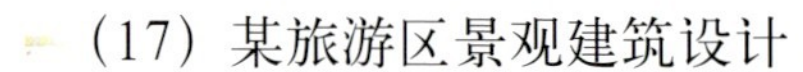

（17）某旅游区景观建筑设计

准备工具：

"T"牌马克笔：BG-3、BG-5；PB-77、PB-75、PB-72；CG-1；GY-49；WG-5；G-46。

"D-M"牌马克笔：No1。

学习要点：

天上的云不一定是蓝色，只要云的色彩与画面的色调相吻合即可。

班级__________
姓名__________
日期__________

（18）某高层写字楼设计

准备工具：

“T”牌马克笔：PB-76，PB-77；BG-1，BG-3，BG-5，BG-7；BG-58；BG-57；WG-3，WG-5。

“D-M”牌马克笔：No1。

“M”牌马克笔：No15。

学习要点：

注重整体表现，并注重色彩的自然过渡表现。

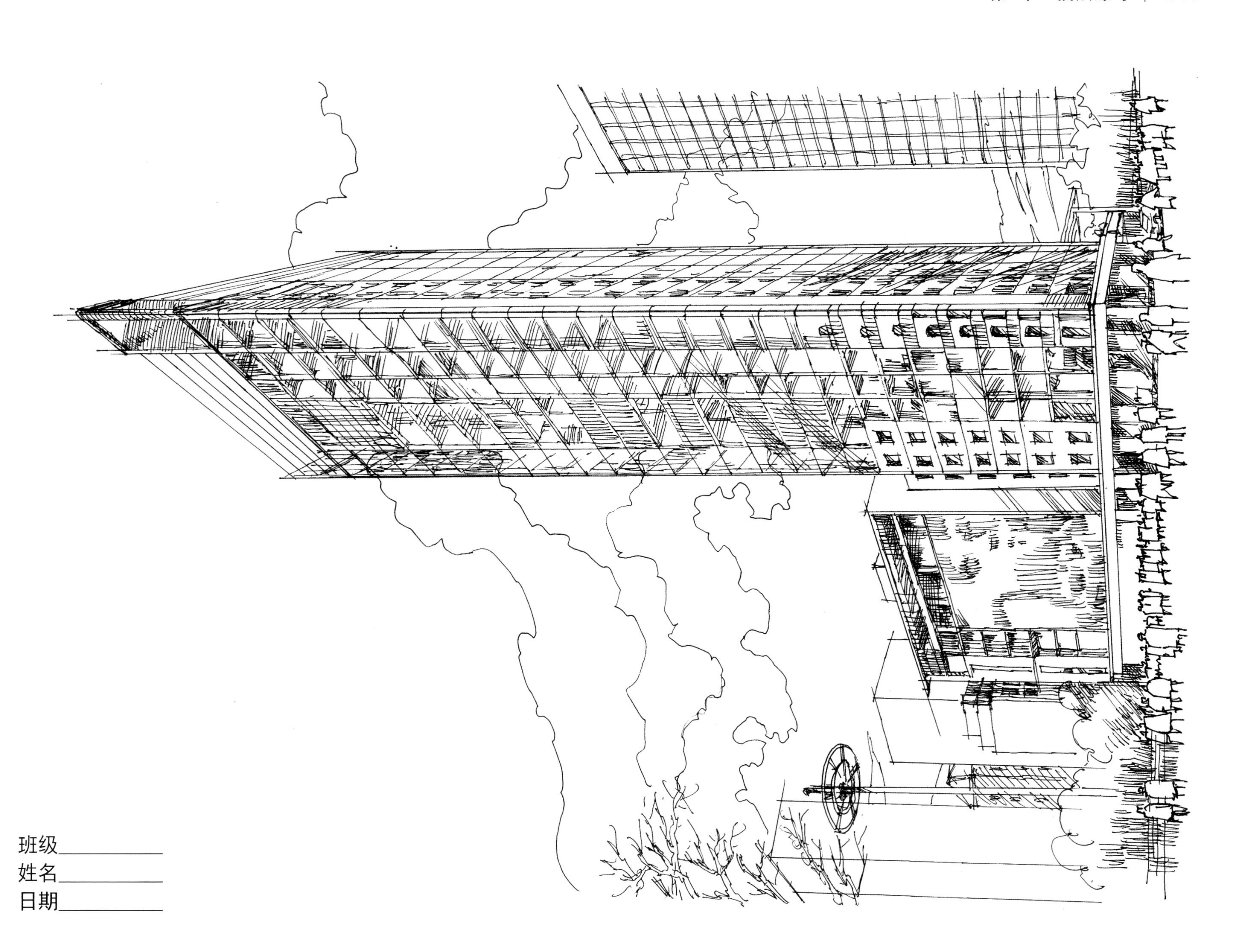

班级__________
姓名__________
日期__________

（19）玻璃幕墙高层建筑设计①

准备工具：

“T”牌马克笔：B-66；BG-58；PB-64；WG-1、WG-3；BG-3、BG-5；G-46；BG-57；GY-47；R-14。

“D-M”牌马克笔：No1。

“M”牌马克笔：No40、44。

“Watercolour-Faber”牌铅笔：447。

学习要点：

画玻璃幕墙时，应从最浅色开始，逐渐加深。天空色彩的选择，应与玻璃幕墙色相同或相近。

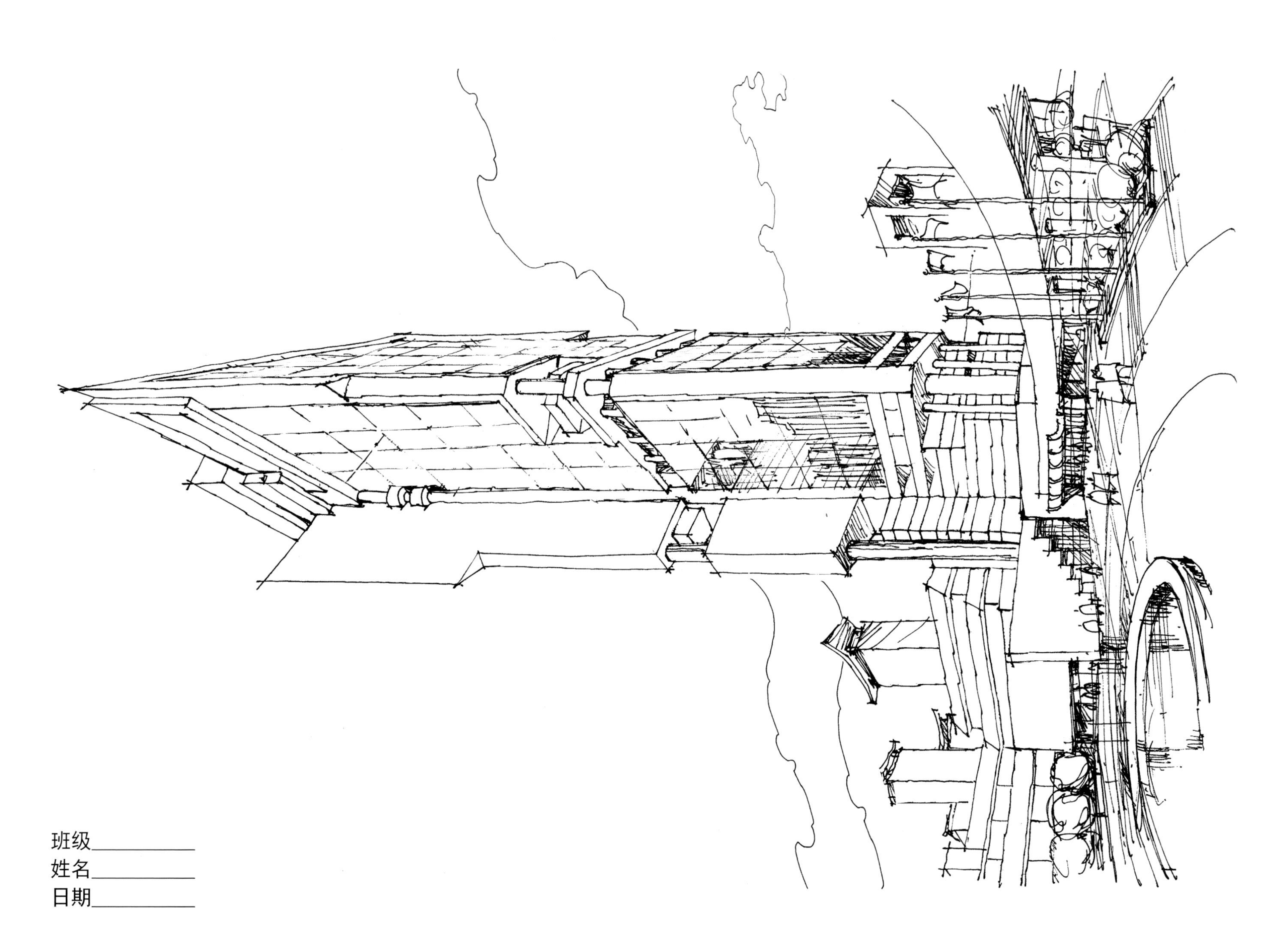

班级＿＿＿＿＿＿
姓名＿＿＿＿＿＿
日期＿＿＿＿＿＿

（20）玻璃幕墙高层建筑设计②

准备工具：
“T”牌马克笔：CG-1，CG-3；WG-1，WG-3；PB-77，PB-70；BG-1，BG-3，BG-5，BG-7；BG-58；G-46，G-55；R-14。
“D-M”牌马克笔：No1。
“M”牌马克笔：No54，18。
学习要点：
画玻璃幕墙时，应从最浅色开始，逐渐加深。

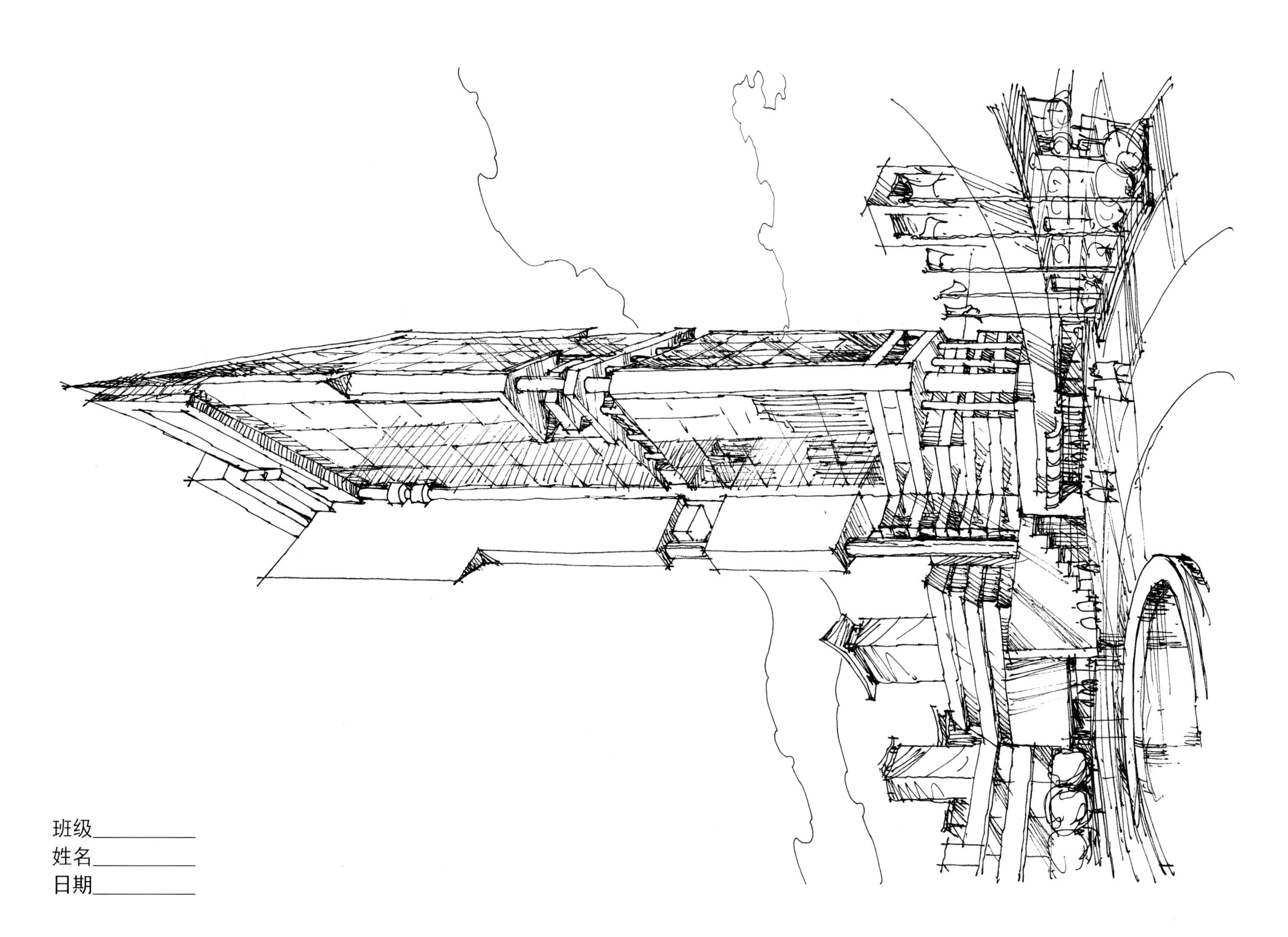

班级__________
姓名__________
日期__________

（21）博物馆建筑设计方案

准备工具：
“T”牌马克笔：CG-1、CG-3、CG-5、CG-9；PB-77、PB-75；P-84；Y-100；R-98。
“D-M”牌马克笔：No1。
学习要点：
要保持画面的宁静、神秘之感，以及色彩的单纯。

班级__________
姓名__________
日期__________

（22）某高级中学综合楼设计

准备工具：

“T”牌马克笔：GY-49，GY-48，GY-47；BG-58，BG-68，BG-3，BG-3；B-66。

“D-M”牌马克笔：No1。

“M”牌马克笔：No40。

学习要点：

注意面的退晕技法，如墙面。

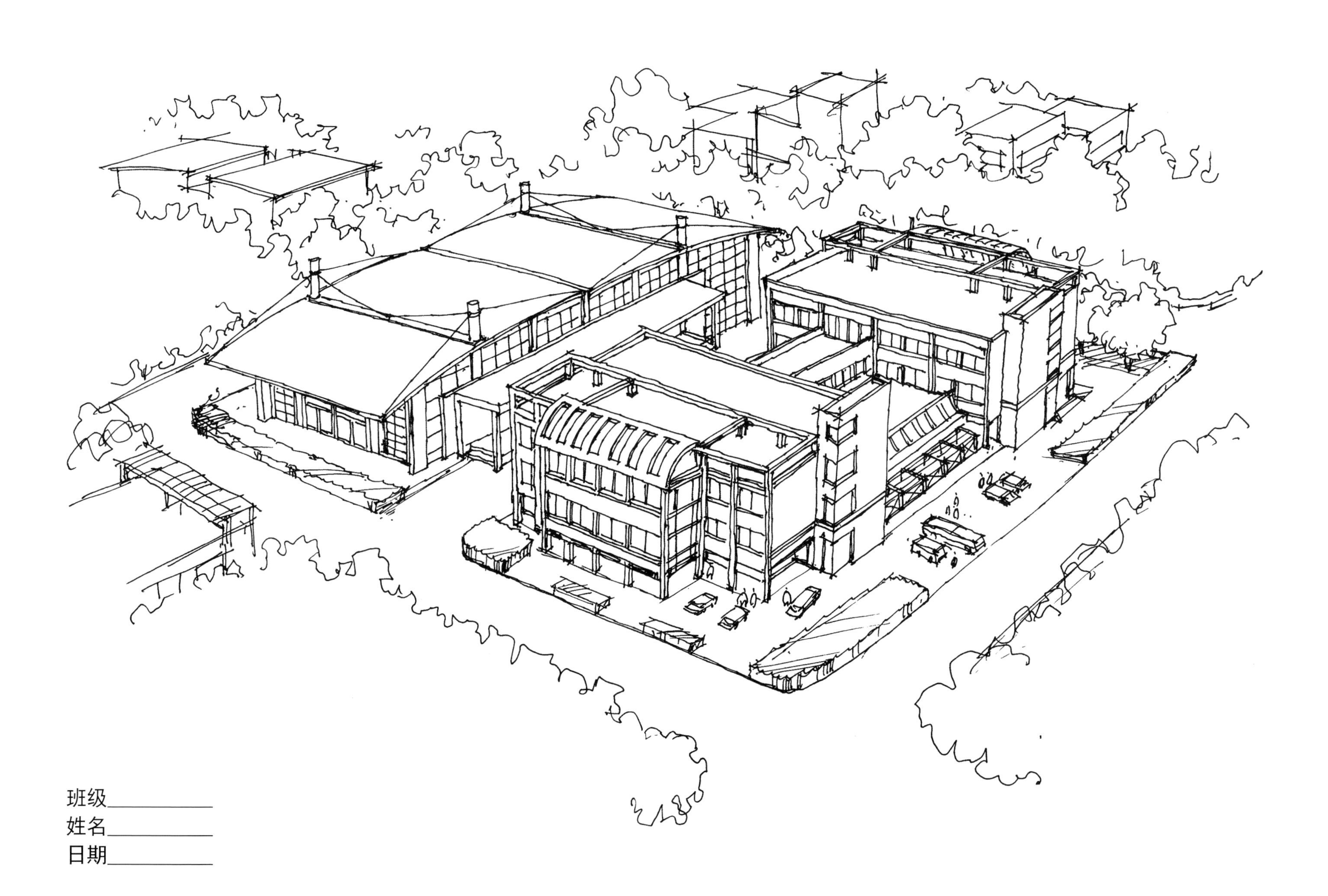

班级__________
姓名__________
日期__________

（23）广州火车南站旧厂房改造设计方案

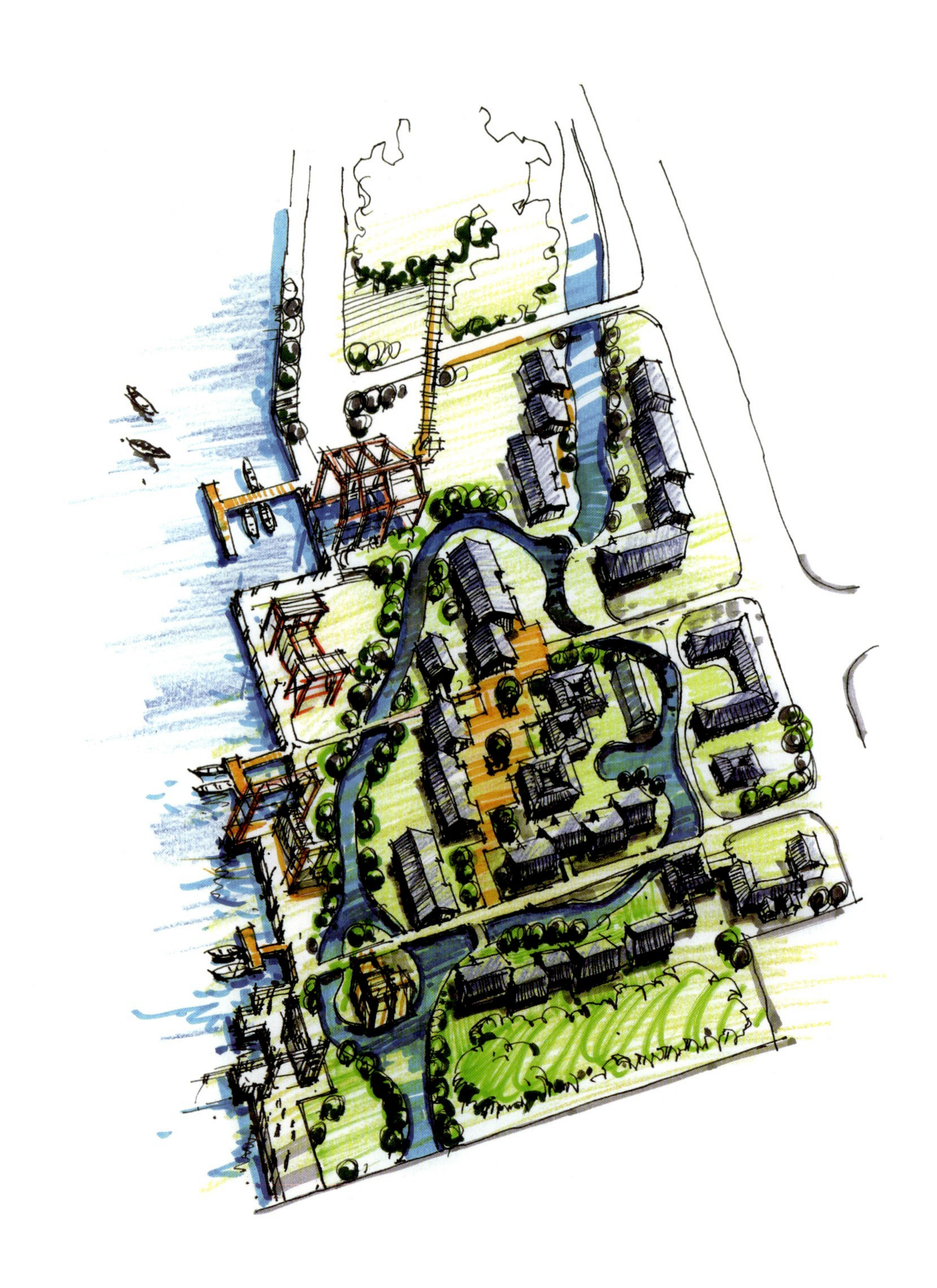

准备工具：

先采用黄绿色的彩铅铺底，然后再采用“M”牌马克笔：No52 添加绿化。水的表现，先采用“M”牌马克笔：No51，53，17，最后采用彩铅 451。屋顶采用“T”牌马克笔 PB-77，BG-5。

“D-M”牌马克笔：No1。

学习要点：

根据平面图，采用轴测图方式画鸟瞰图。

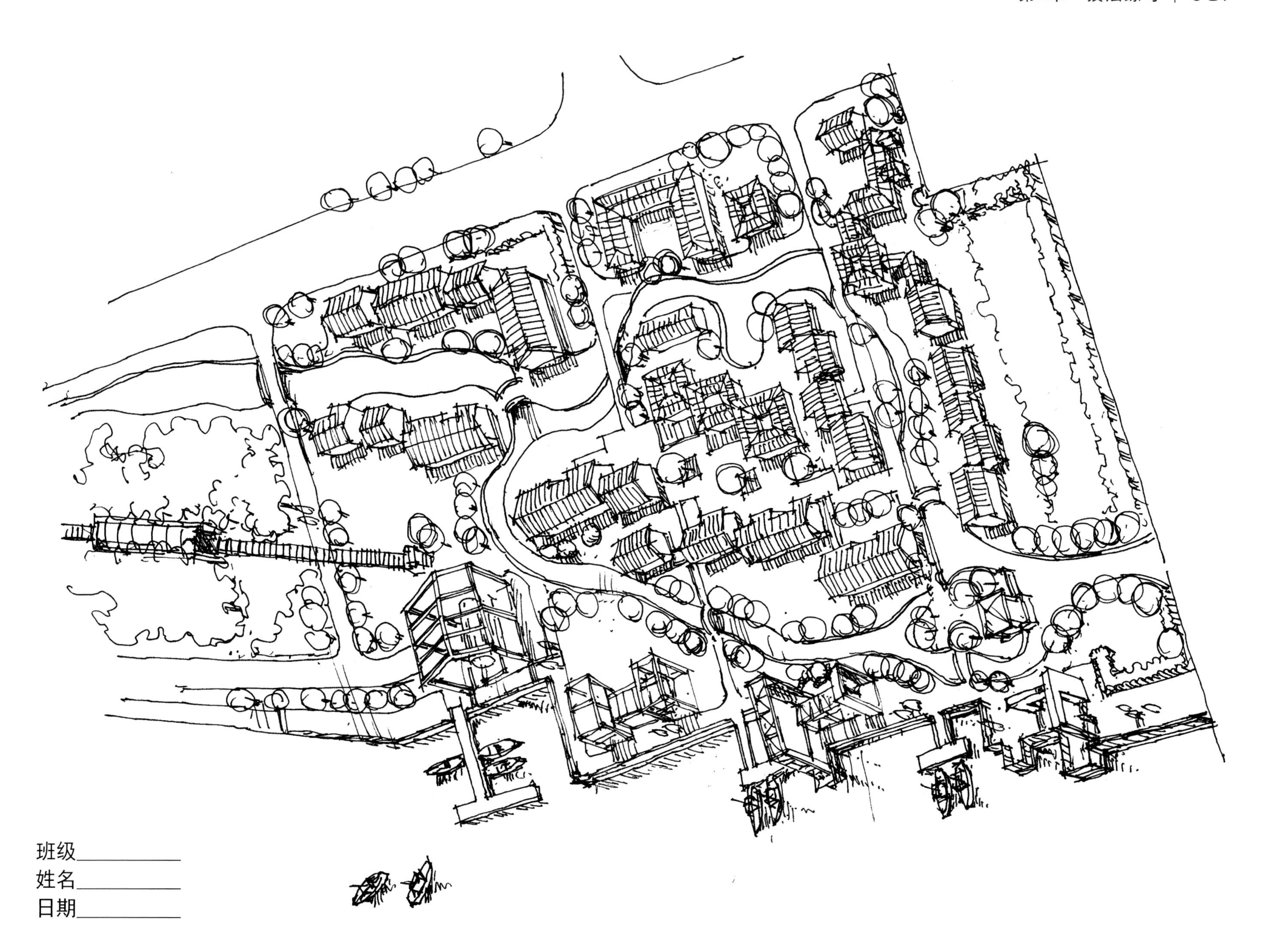

班级__________
姓名__________
日期__________

（24）某高校教学大楼设计

准备工具：
“T”牌马克笔：BG-68、BG-58、WG-1、WG-3、WG-5；CG-5。
“D-M”牌马克笔：No1。
学习要点：
注意用笔的速度，采用“皴”的技法表现。

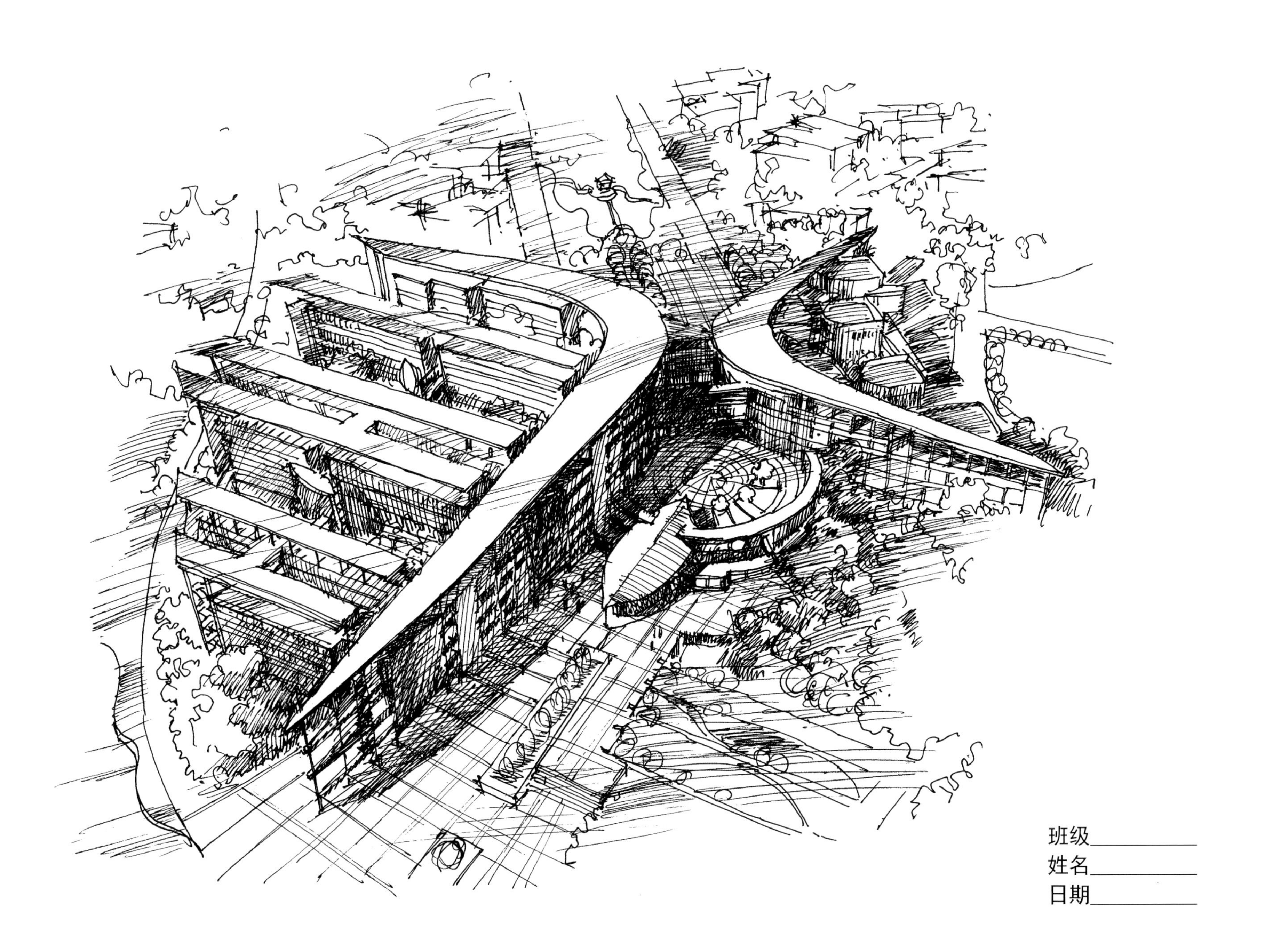

班级＿＿＿＿＿＿
姓名＿＿＿＿＿＿
日期＿＿＿＿＿＿

（25）某住宅区 A 区规划设计方案

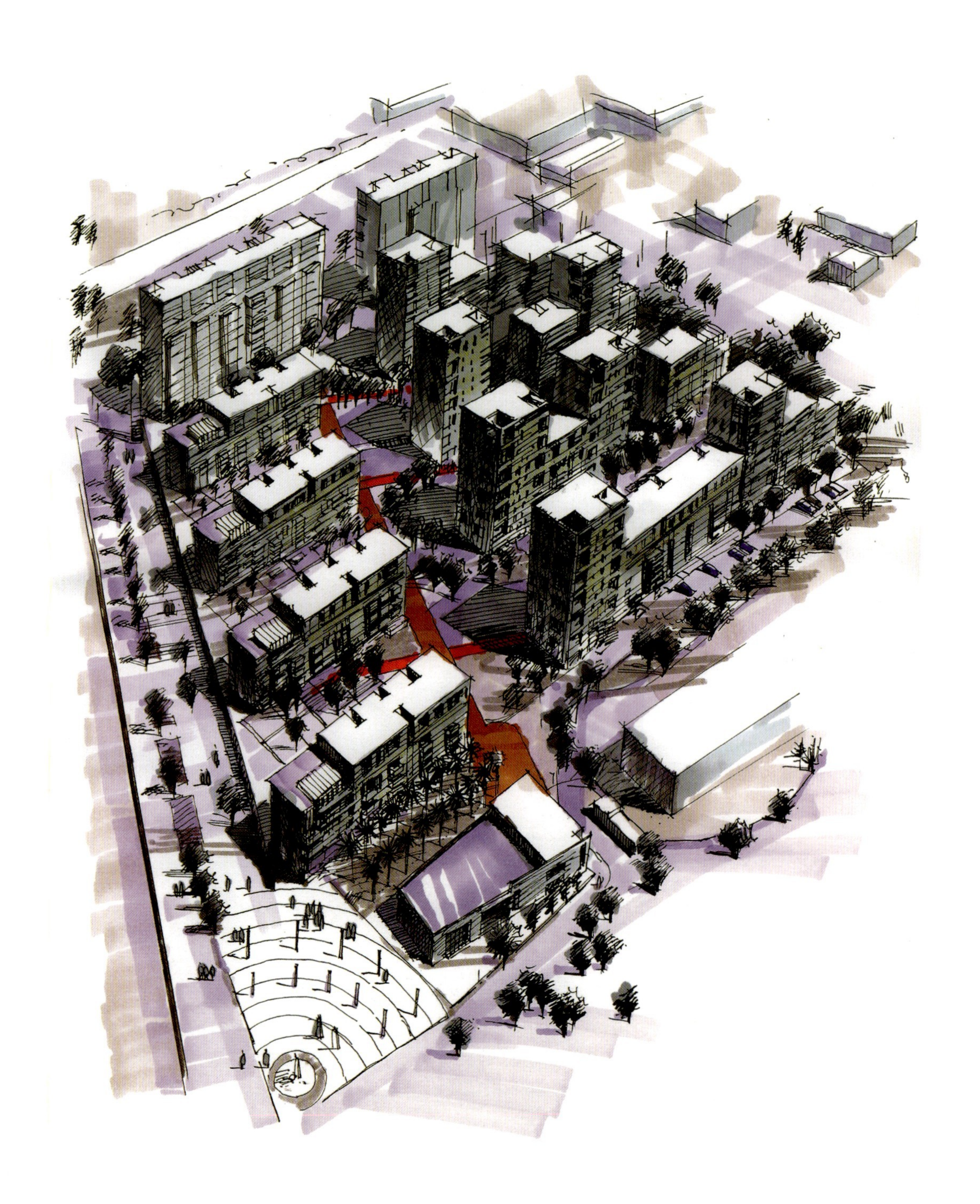

准备工具：

“T”牌马克笔：BG-1、BG-3、BG-5；PB-75、PB-77；WG-1、WG-3；GG-7；YR-97、R-14。

“D-M”牌马克笔：No1。

学习要点：

常用的突出重点的办法有加强黑白对比、色彩对比。

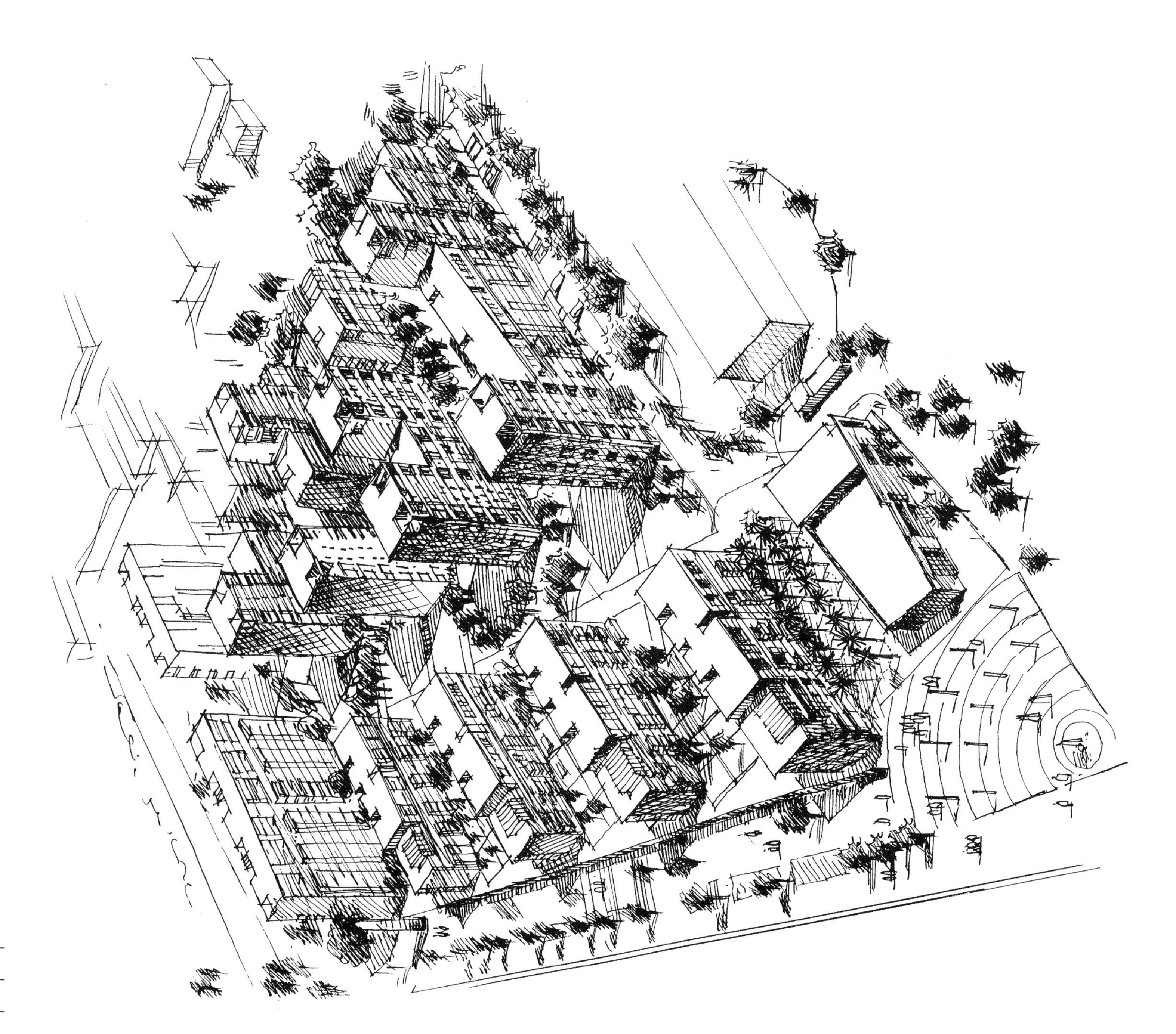

班级____________
姓名____________
日期____________

第 3 章　技法应用

● 教学目的

通过本阶段的技法练习，其目的是为了“用”。“用”是指同学们通过对马克笔技法的学习，能在设计表现中自由表现，从而丢掉“拐杖”（临摹）达到自我创造的目的。

● 教学内容

本阶段的教学内容，主要安排从技法学习过渡到技法实践的练习，安排有三个步骤：①改画；②重画；③续画。

第一步，改画。

对象：根据黑白画作品进行“改画”练习。“改画”的重点在于改变原有色调。

要求：保持基本构图、造型不变，主要改变原有的色调，将黑白画改成彩色画。

目的：目的是培养学生掌控画面色调的协调能力，以及上色技法表现的应用能力。

说明：(1) 如果自选作品，建议以选择黑白画一类的作品为对象进行改画为好，更有锻炼的价值。

(2) 评分标准：选择黑白画为改画对象，分值系数为 0.5；选择彩色画为改画对象，分值系数为 0.2；选择彩色画为临画对象，分值系数为 0。

第二步，重画。

对象：根据本书提供的黑白画作品进行“重画”练习。“重画”的重点在于改变原表现技法。

要求：保持基本构图、建筑造型、环境元素位置不变，要求改变原有造型技法。

目的：目的是培养学生掌控画面透视空间中元素造型的能力，进一步加强上色技法表现的应用能力。

说明：(1) 元素是指画中不能拆解的造型物体，如树木、石块、人物等。根据本人对作品的理解和审美情趣，重新画一幅。

(2) 评分标准：改 4 处，分值系数为 0.6；改 3 处，分值系数为 0.4；改 2 处，分值系数为 0.2；改 1 处，分值系数为 0。

第三步，续画。

对象：提供未完成的建筑线框透视图，要求对其未完成部分进行“续画”。

要求：要求保持其基本透视空间、建筑透视造型不变，根据本人对建筑设计方案的理解，设想一个理想、适宜的环境，并对未完成部分进行“续画”。

目的：目的是培养学生掌控画面透视空间中元素造型的设计能力，以及设计表现的应用能力。

说明：(1)“续画”难度在于先要设计，才能完成表现。因此，建议如果你是学室内设计专业的学生，一定选择“续画”的学习方式。如果你是学建筑设计专业的学生，可以选择“改画”的学习方式。

(2) 评分标准：采用“续画”练习，分值系数为0.3；采用“改画”练习，分值系数为0。

● 学习要点

(1) 学会如何构图。利用“对比”思维，调整构图关系。如，画面中主要的横向物体，可以通过次要的竖向图形加以打破，如一层厂房建筑＋树干构成画面；相反，画面中主要的竖向物体，可以通过次要的横向图形加以打破，如高层建筑＋横向的白云构成画面。

(2) 学会掌控色调。利用“对比”思维，调整色彩关系。如果在以冷色色调为主的画面中加以对比色——暖色，画面显得醒目；相反，如果在以暖色色调为主的画面中加以对比色——冷色，画面也会显得醒目。

(3) 多默写景物，如树木、车辆等，有助于自创表现。默写不等于照搬，而在于理解“千变万变不离其宗”的道理。

(4) 能帮助你“默写”的最好方法：首先，要了解所画对象的基本结构、构造以及规律；其次，要多练习，多思考，多总结。

(5) 掌握正确、简便的透视表现方法至关重要。因为，良好的空间透视架构的图面是表现图成功的基本保证。

3.1　改画

(1) 作业对象：

根据黑白画作品进行“改画”练习，改成彩色图(这是一幅选自《建筑画环境表现与技法》中的钢笔画，作者钟训正)。

(2) 作业要求：

“改画”的重点在于改变原有色调。要求保持基本构图和元素造型不变。

(3) 评分标准：

选择黑白画为改画对象，分值系数为0.5；选择彩色画为改画对象，分值系数为0.2；选择彩色画为临画对象，分值系数为0。

(4) 学习要点：

这是一个改画练习。根据该作品特点，在改画时，要保持原画面的神秘之感，适当添加自己的理解成分。

学习要点：
由于该画为钢笔画，因而在改画之时要注意马克笔画的特点，适当减少为表现光影或物体的立体感而表现的线条。

准备工具：
“T”牌马克笔：BG-68；BG-58，BG-5；PB-77，BG-5；CG-1，CG-3，CG-5。
“D-M”牌马克笔：No1，15。

3.2 重画

(1) 作业对象：

根据本书提供的黑白画作品进行“重画”练习。“重画”的重点在于改变原有形态要素的造型。

(2) 作业要求：

保持基本构图、形态要素的位置不变，要求改变原有形态要素的造型，即可。

班级__________
姓名__________
日期__________

3.3 续画

（1）作业对象：

提供未完成的建筑线框透视图，要求对其未完成部分进行“续画”。

（2）作业要求：

要求其基本透视空间，建筑透视造型不变，根据本人对建筑设计方案的理解，设想一个理想、适宜的环境，并对未完成部分进行“续画”。

（3）作业方式：

首先将A4图幅大的图形画到A3图幅之上，然后，再给未完成的建筑线框透视图续画环境，最后再着色。

参考文献

[1] 洪惠群．建筑与环境表现技法．广州：华南理工大学出版社，2007．
[2] 吴卫．钢笔建筑室内环境技法与表现．北京：中国建筑工业出版社，2002．
[3] 赵国斌．手绘效果图表现技法——景观设计．福州：福建美术出版社，2006．
[4] 李国光等．建筑快题设计与手绘表现．北京：中国电力出版社，2007．
[5] 钟训正．建筑画环境表现与技法．北京：中国建筑工业出版社，1985．
[6] 李应军，聚艺堂文化有限公司．分享交流——刘钢手绘作品集．大连：大连理工大学出版社，2008．